FORSCHUNGSBERICHT DES LANDES NORDRHEIN-WESTFALEN

Nr. 3049 / Fachgruppe Physik/Chemie/Biologie

Herausgegeben vom Minister für Wissenschaft und Forschung

Prof. Dr. Günther von Bünau
Dr. Klaus-Dieter Klöppel
Physikalische Chemie
Universität - Gesamthochschule - Siegen

Anwendungen der hochauflösenden Sekundärionenmassenspektrometrie (SIMS) in der Oberflächenanalyse

Westdeutscher Verlag 1981

CIP-Kurztitelaufnahme der Deutschen Bibliothek

Bünau, Günther von:
Anwendungen der hochauflösenden Sekundärionenmassenspektrometrie (SIMS) in der Oberflächenanalyse / Günther von Bünau ; Klaus-Dieter
Klöppel. - Opladen : Westdeutscher Verlag,
1981.

   (Forschungsberichte des Landes Nordrhein-
   Westfalen ; Nr. 3049 : Fachgruppe Physik,
   Chemie, Biologie)
   ISBN-13: 978-3-531-03049-4   e-ISBN-13: 978-3-322-87528-0
   DOI: 10.1007/978-3-322-87528-0
NE: Klöppel, Klaus-Dieter:; Nordrhein-West-
falen: Forschungsberichte des Landes ...

ISBN-13: 978-3-531-03049-4

INHALT

Einleitung

Unter den modernen molekularanalytischen Methoden nimmt die Massenspektrometrie wegen ihrer vielfältigen Anwendungsmöglichkeiten eine herausragende Stellung ein. Sie liefert eine Information über die Masse von einzelnen Molekülen bzw. von Ionen, die aus Molekülen unter Elektronenentzug oder -aufnahme entstehen und mit hoher Empfindlichkeit nachgewiesen werden können. Durch hinreichend genaue Bestimmung der Molekülmasse, d.h. bei hoher Massenauflösung, kann die elementare Zusammensetzung des Moleküls ermittelt werden. Je nach Ionisierungsbedingungen kann man Informationen über die Struktur des Moleküls, seine Stabilität und die Geschwindigkeit erhalten, mit der Ionen zerfallen oder in Reaktionen mit Substratmolekülen verbraucht werden. Primäre Ionisierung von Molekülen erfolgt meist durch Elektronenstoß [1] (englisch: Electron Impact, "EI") in der Gasphase oder durch Einwirkung von inhomogenen elektrischen Feldern an Oberflächen (Feldionisations-, kurz: "FI"- [2] , bzw. Felddesorptions-, kurz: "FD"-Methode [3]). Sekundäre Ionen entstehen in der Gasphase durch chemische Reaktionen von Primärionen mit neutralen Molekülen [4] (chemische Ionisations-, kurz: "CI"-Methode) oder an Oberflächen, die von Primärionen hoher Energie getroffen werden [5] (Sekundärionisation, kurz: "SI"-Methode).

Wegen ihrer hohen Spezifität und Nachweisempfindlichkeit, aber auch wegen der geringen Eindringtiefe der Primärionen, eignet sich die Sekundärionenmassenspektrometrie ("SIMS") insbesondere zur chemischen Analyse der obersten Atomlagen von Festkörperoberflächen und hat insofern erhebliche praktische Bedeutung bei der Untersuchung von Oberflächenschichten, die durch mechanische Behandlung, Ätzen, Aufdampfen oder Korrosion erwünschte oder unerwünschte Eigenschaften angenommen haben. Bis vor kurzem war der eigentliche Gegenstand solcher Untersuchungen stets die Festkörperoberfläche (Halbleiter, Katalysatoren) oder der Prozeß der Oberflächenveränderung (Korrosion) [6-8] . Neuere Untersuchungen lassen jedoch den Schluß zu, daß sich die Sekundärionenmassenspektrometrie auch zur Analyse eines auf die Oberfläche aufgebrachten Substrats eignet und dadurch die Strukturanalyse von Substanzen ermöglicht oder vereinfacht, die den konventionellen EI-, CI- oder FI-Methoden nicht oder nur schwierig zugänglich sind, z.B. schwer verdampfbare, leichtzersetzliche organische Substanzen [9-12] . Die Entwicklung von SIMS-Methoden, die es ermöglichen, Oberflächenanalyse und Strukturaufklärung auf dem technischen Niveau der kommerziellen Massenspektrometer

durchzuführen (d.h. insbesondere unter Hochauflösungsbedingungen), verdient
daher besonderes Interesse und ist Gegenstand der vorliegenden Arbeit, über
deren Ergebnisse im Folgenden berichtet wird.

Apparatur

Zur Durchführung der Arbeit stand ein doppelfokussierendes Massenspektrometer (311 A) der Firma Varian zur Verfügung, das sich aufgrund seiner
offenen Bauweise und seiner Spezifikationen bezüglich Massenbereich (bis
zu 3000 atomaren Masseneinheiten) und Hochauflösung (>25000 für EI-Messun-
gen) für den beabsichtigten Zweck besonders eignet. Der grundsätzliche Auf-
bau des Massenspektrometers, einschl. des im Rahmen der Arbeit entwickelten
Zusatzteils zur Sekundärionisierung, ist aus Abb. 1 zu entnehmen. Zur Er-
zeugung des Primärionenstrahls wurde eine Ionenquelle (IQ 12/63) der Firma
Leybold ausgewählt. Sie wurde über einen Flansch mit der Probenkammer ver-
bunden, die die Probenhalterung und die Sekundärionenoptik enthielt.

Zur Optimierung der Sekundärionenausbeute wurde die Probenhalterung
zunächst mit einer Justiervorrichtung versehen, die es ermöglichte, den
Winkel zwischen der Probenfläche (Normalenrichtung) und der fest vorgege-
benen Richtung des Primärionenstrahls zu variieren. Das Optimum wurde empi-
risch bei 60 ^{o} gefunden.

Aus der Konzeption des 311 A Massenspektrometers ergab sich die Not-
wendigkeit, die Probe auf ein Potential von + 3 kV in Bezug auf das Potential des Eintrittsspalts vom Magnetfeld zu legen. Probe und Primärionenquelle sind daher von der Ionenkammer des Massenspektrometers elektrisch
abgetrennt. In Bezug auf die Probe kann die Primärionenenergie zwischen
0 und 7 keV variiert werden.

Primärionenquelle, Probenkammer und Analysator des Massenspektrometers
werden mit Hilfe von drei Turbomolekularpumpen differentiell gepumpt. Der
Restgasdruck in Analysator und Probenkammer liegt bei 10^{-6} Pa. Durch die
apparative Anpassung einer kombinierten FI/FD-EI - Ionenquelle (Fa.Varian)
an die Messungen der Sekundärionisation wurde die Umstellung des Gerätes
auf SIMS-Betrieb stark vereinfacht. Hierbei dient die im Probenzuführungs-
teil der FI/FD-Einrichtung enthaltene Schubstange zur Aufnahme der Probenhalterung. Mit Hilfe der eingebauten Schleuseneinheit ist es möglich, die
Betriebsart des Massenspektrometers ohne Unterbrechung des Vakuums auf EI-,
FI/FD- oder SI-Messungen umzustellen.

Ein Wechsel vom SIMS-Betrieb des Massenspektrometers zum konventionellen EI/CI-Betrieb erfordert lediglich den Austausch eines Flansches an
der Ionenkammer des Massenspektrometers.

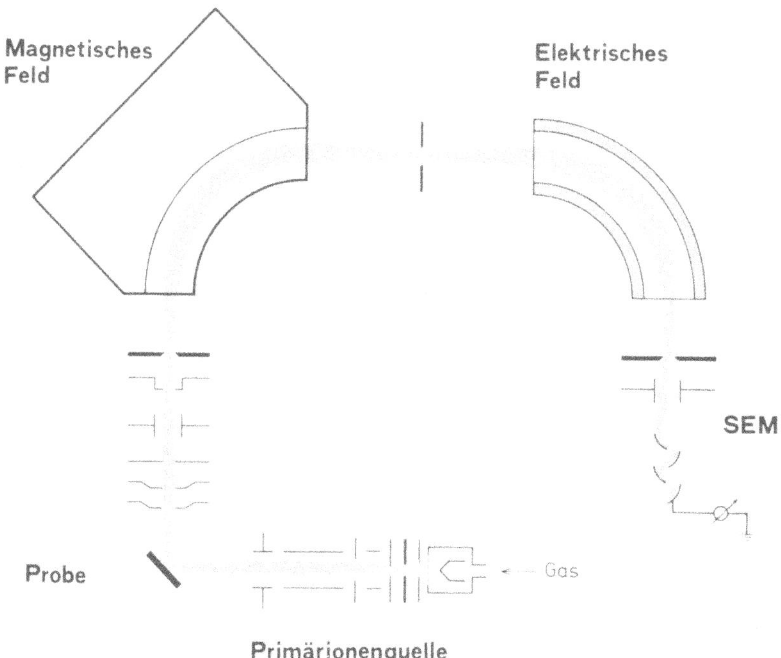

Abb. 1. Schematische Darstellung des Varian 311 A Massenspektrometers
         mit Sekundärionenquelle (sem: "Sekundär-Elektronen-Multiplier")

Allgemeines zur Sekundärionisierung

Die Bildung von Sekundärionen, die sich unter der Einwirkung eines Primärionenstrahls von der Oberfläche eines Festkörpers lösen, ist ein komplexer, mit der Zerstörung der Oberfläche verbundener Vorgang, der sich einer quantitativen theoretischen Behandlung hartnäckig widersetzt. Qualitativ ergibt sich jedoch das folgende Bild (s. Abb. 2):

Primärionen (z.B. Ar^+), die mit einer Energie von einigen keV auf die Oberfläche eines Festkörpers auftreffen, verlieren diese Energie in elastischen und inelastischen Zusammenstößen mit Atomen des Oberflächenmaterials. Beim elastischen Stoß kann ein großer Teil der Energie bereits in der obersten Atomlage auf einen Stoßpartner übertragen werden, der als sekundäres Projektil in weiteren elastischen und inelastischen Zusammenstößen abgebremst wird, usw. Nach dem Impulssatz ist zu erwarten, daß elastische Stöße mit maximaler Wahrscheinlichkeit ablaufen, wenn sich die Massen der Stoßpartner gleichen. Inelastische Stöße führen zu Fehlordnungen im Gitter und zur elektronischen Anregung, Ionisierung und Ablösung (bzw. Zerstäubung, engl. "sputtering") des Oberflächenmaterials.

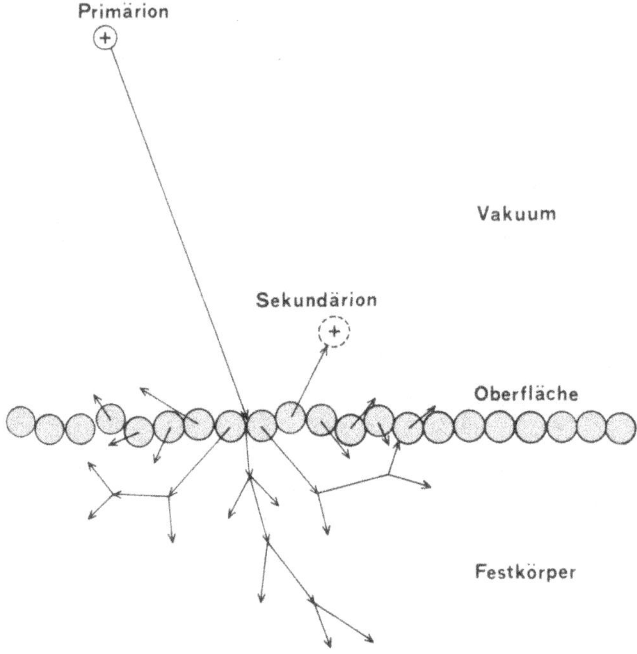

Abb. 2. Prinzip der Sekundärionenbildung beim Beschuß von festen
Oberflächen mit Primärionen hoher Energie

Experimentell hat sich ergeben, daß die Ablösung von neutralen Teil-
chen aus reinen Metalloberflächen der bei weitem überwiegende Prozeß ist
[13] . Bei der von Benninghoven angewandten "statischen Methode" [14] wird
die oberste Schicht einer Festkörperoberfläche beim Beschuß mit einem Ar^+-
Ionenstrahl von 10^{-9} A/cm^2 bei einer Energie von 3 keV typischerweise
innerhalb von 10^5 sec abgetragen. Umgerechnet ergibt sich hieraus, daß
pro Ar^+-Ion rund 0.2 nm^2 von der obersten (Mono-) Lage abgetragen werden.
Für Metalle wie Eisen entspricht dies einer Ablösung von rund 3 Atomen,
was bei einer Sublimationsenthalpie von 416 kJ/mol einen Energieaufwand
von mindestens 13 eV erfordert. Die Wahrscheinlichkeit dafür, daß auch
nur eins der 3 Atome als Ion emittiert wird, ist jedoch nur $1.5 \cdot 10^{-3}$.
Da die Ablösungsarbeit (bzw. die Sublimationsenthalpie) für die meisten
Metalle von der gleichen Größenordnung ist, sollte man erwarten, daß die
Abtragungsrate nur wenig vom Metall abhängt. Die Wahrscheinlichkeit der
Ionenemission ist jedoch in hohem Maße substanzspezifisch und unterschei-
det sich für die von verschiedenen Autoren untersuchten Metalle um mehr
als drei Größenordnungen [6, 15-17] .

In Gegenwart von Sauerstoff wird allgemein eine drastische Erhöhung
der Metallionenausbeute festgestellt [13, 18], was sich auf die hohe
Elektronegativität des Sauerstoffs zurückführen läßt, der an der Oberfläche gebunden wird und eine Polarisierung der Oberflächenatome bewirkt,
wodurch die für die Sekundärionenemission erforderliche heterolytische
Abspaltung begünstigt wird. Zusätzlich werden in Gegenwart von Sauerstoff
auch Metalloxidionen abgelöst.

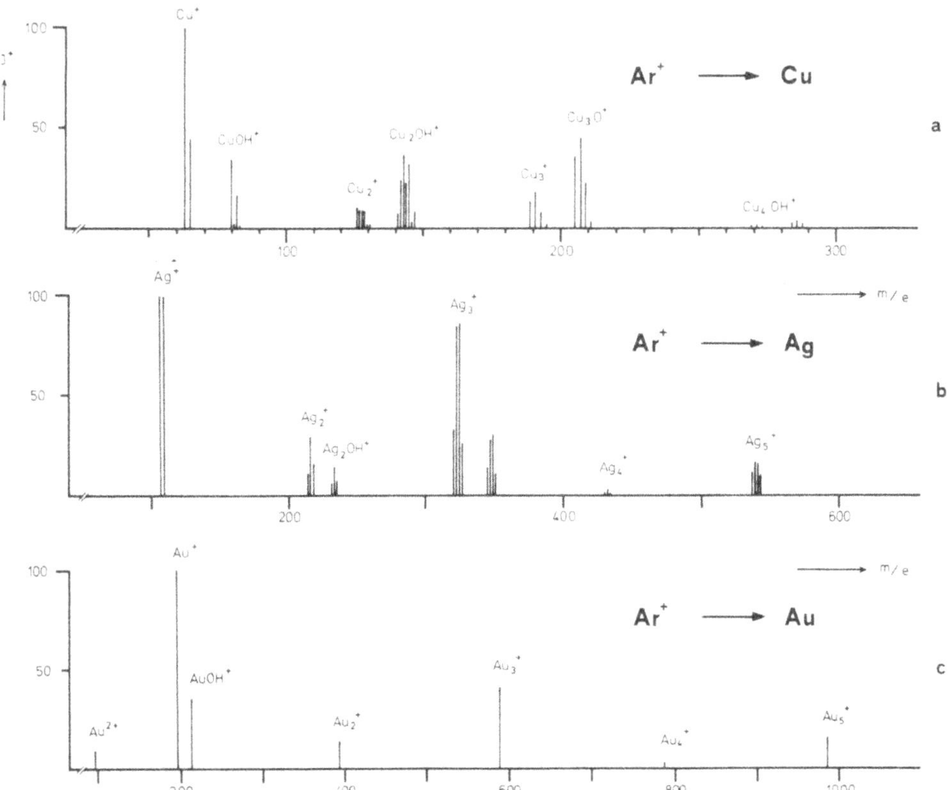

Abb. 3. Sekundärionenspektrum von polykristallinen Metallproben unter
         einem Sauerstoff-Partialdruck von 10^{-3} Pa.
         Primärionen: Ar^+, 8 keV, 10^{-5} A/cm^2.
         a) Kupfer   b) Silber   c) Gold

Sekundärionenausbeute

Abb. 3 zeigt die Sekundärionenmassenspektren von polykristallinen Proben der Metalle Kupfer, Silber und Gold. Hierzu wurde jeweils ein Ar^+-Ionenstrahl von 8 keV und etwa 10^{-5} A/cm^2 verwendet (entsprechend 0.6 Ar^+-Ionen$\cdot sec^{-1}/nm^2$). Bezeichnet man die Zahl der pro Primärion emittierten positiven Ionen als Sekundärionenausbeute, so erhält man trotz Gegenwart von Sauerstoff (10^{-3} Pa) nur Ausbeuten von $2\cdot10^{-2}$ (für Kupfer), $2\cdot10^{-3}$ (für Silber) und $5\cdot10^{-5}$ (für Gold) - bezogen auf Chrom, dessen absolute Sekundärionenausbeute zu 1.2 bestimmt worden ist [6].

Auffällig ist die vergleichsweise hohe Wahrscheinlichkeit, mit der sich ionisierte Aggregate von Atomen dieser Metalle bilden. Bei allen drei Metallen ist die Ausbeute von Aggregaten mit einer ungeraden Anzahl von Atomen (3 bzw. 5, s. Abb. 3) erheblich höher als die von Aggregaten mit einer geraden jeweils um eins niedrigeren Anzahl von Atomen.

Unter den Bedingungen der Messung war es nicht möglich, Metalloxidionen der allgemeinen Zusammensetzung $Me_xO_y^+$ nachzuweisen (Ausnahme: Cu_3O^+), obwohl der Sauerstoff-Molekülstrom auf die Oberfläche jeweils erheblich größer war als der Primärionenstrom. In Gegenwart von Sauerstoff bilden sich dagegen bevorzugt Metallhydroxidionen der Zusammensetzung Me_xOH^+.

(Allgemein errechnet sich der Strom j von Molekülen der Masse m, die sich unter dem Druck p bei der Temperatur T in der Gasphase befinden, aus der gaskinetischen Beziehung

$$j = \frac{p}{\sqrt{2\pi\, m\, k\, T}}$$

wobei k die Boltzmann-Konstante bezeichnet. Angewandt auf Sauerstoff erhält man:

$$j(O_2) = \frac{27}{nm^2\cdot sec} \cdot \left(\frac{p}{mPa}\right) \sqrt{\frac{300\ K}{T}} \quad ;$$

hieraus ergibt sich z.B. für $T = 300$ K und $p = 10^{-3}$ Pa ein Sauerstoffstrom von 27 O_2-Molekülen$\cdot sec^{-1}/nm^2$).

Nachweisempfindlichkeit

In Abb. 4 ist das Sekundärionenmassenspektrum des Phenylalanins wiedergegeben. Hierzu wurde ein Tropfen einer Lösung dieser Aminosäure in 0.1 molarer HCl-Lösung, entsprechend einer Menge von 10^{-7} g Phenylalanin, auf eine polykristalline Silberprobe aufgetragen und einer Ar^+-Primärionenstromdichte von $5 \cdot 10^{-7}$ A/cm^2 (bei 2 keV Energie) ausgesetzt. Überraschenderweise zeigte sich auch unter diesen Bedingungen eine nur geringe Fragmentierung des Phenylalanins; das Verhältnis der Peakhöhen $(M+1)^+/(M-45)^+$ war hier sogar höher als in dem von Benninghoven et al. erhaltenen Massenspektrum des Phenylalanins, das bei erheblich niedrigerer Stromdichte aufgenommen worden war [19]. Zusätzlich wurden hier silberhaltige Komplexionen $(AgM^+$ und $Ag(M-45)^+)$ gebildet, was im Fall der Aminosäuren Glycin, Alanin und Serin bereits von Colton und Mitarbeitern beobachtet worden war [11].

Bei Beschränkung auf den Molekül-Peak (d.h. den $(M+1)^+$-Peak) wurden unter den Bedingungen unserer SIMS-Apparatur noch Mengen von 10^{-10} g Phenylalanin nachgewiesen. Die tatsächliche Nachweisgrenze dürfte allerdings noch erheblich unter diesem Wert liegen, da nur jeweils ein Teil der Probenoberfläche genutzt wird.

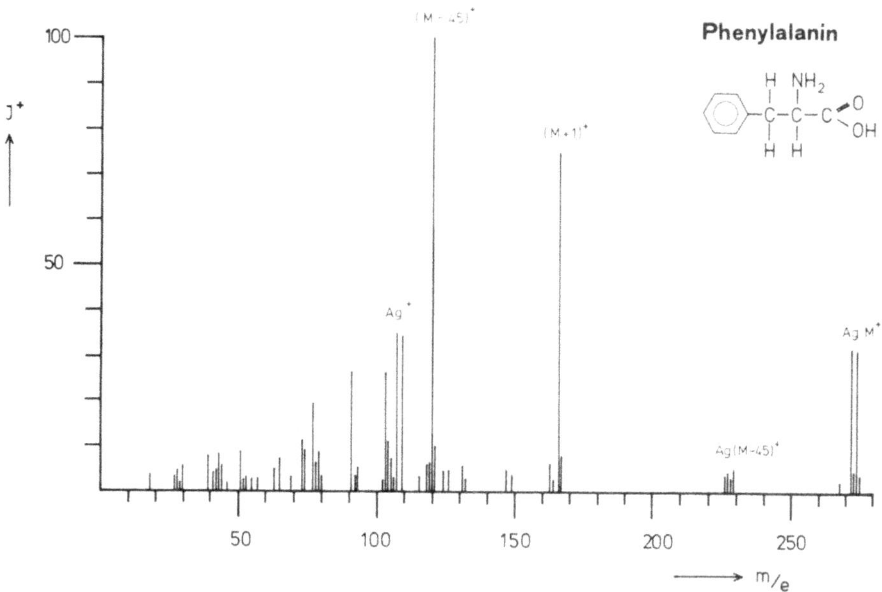

Abb. 4. Sekundärionenspektrum von Phenylalanin auf einer Silber-Unterlage. Primärionen: Ar^+, 2 keV, $5 \cdot 10^{-7}$ A/cm^2

Hochauflösung

Zur Überprüfung der erreichbaren Massenauflösung wurde zunächst eine technische Edelstahlprobe untersucht. Das in Abb. 5 b und c wiedergegebene Sekundärionenmassenspektrum zeigt neben den Hauptbestandteilen Eisen und Chrom die Bestandteile der Oberflächenschichten, und zwar insbesondere die Oxide von Eisen und Chrom, sowie Natrium und eine Reihe von Peaks im Massenbereich zwischen 39 u und 42 u (1 u = $1.66 \cdot 10^{-27}$ kg; "Atomare Masseneinheit"), die auf Verunreinigungen der Oberfläche zurückzuführen sind. Näheren Aufschluß über die Art dieser Verunreinigungen erhält man bei höherer Auflösung (Abb. 5 a), die darauf hinweist, daß die Oberfläche des Edelstahls außerdem noch Kalium, Kohlenwasserstoffe, organische Stickstoffverbindungen und Argon (aus dem Primärionenbeschuß) enthält. Aus der einwandfreien Trennung der Peaks von $C_3H_6^+$ und $C_2NH_4^+$ ergibt sich, daß die Massenauflösung hierfür mindestens $m/\Delta m = 42/1.258 \cdot 10^{-2} \approx 3300$ betragen muß.

Ähnlich hohe Anforderungen an die Auflösung sind bei der Untersuchung von oxidierten Titanoberflächen zu stellen, da das am häufigsten in der Natur vorkommende ^{48}Ti-Isotop etwa die gleiche Masse hat wie drei ^{16}O-Atome. Bei niedriger Auflösung kann man daher nicht zwischen $Ti_xO_y^+$- und $Ti_{x-1}O_{y+3}^+$-Ionen unterscheiden. Zur Feinbestimmung der Massen von solchen Ionen benötigt man Vergleichsmassen genau bekannter Größe ("Peak-matching"). Z.B. eignet sich zur Unterscheidung der Ionen Ti_2O^+ und TiO_4^+ ein Vergleich mit der Masse des protonierten Prolins (m/e = 115.10 u, vgl. Abb. 6), das als dünner Hydrochloridfilm (in verdünnter HCl-Lösung) auf die Titanoberfläche aufgegeben wurde. Massenfeinbestimmung ergibt für den Peak bei m/e = 112 u die Zusammensetzung Ti_2O^+; die erforderliche Auflösung muß in diesem Fall mindestens 3000 betragen. Experimentell wurde sie hier zu 8000 bestimmt.

In ähnlicher Weise wurden andere $Ti_xO_y^+$-Ionen durch Vergleich mit den Massen der Ionen von anderen Aminosäuren identifiziert. Die dabei erhaltenen Zuordnungen sind in Abb. 7 zusammengefaßt, die das Sekundärionenmassenspektrum der Titanprobe in Gegenwart von 10^{-3} Pa Sauerstoff wiedergibt (bei Beschuß mit einem Ar^+-Ionenstrom von 10^{-5} A/cm^2 und 2 keV Energie).

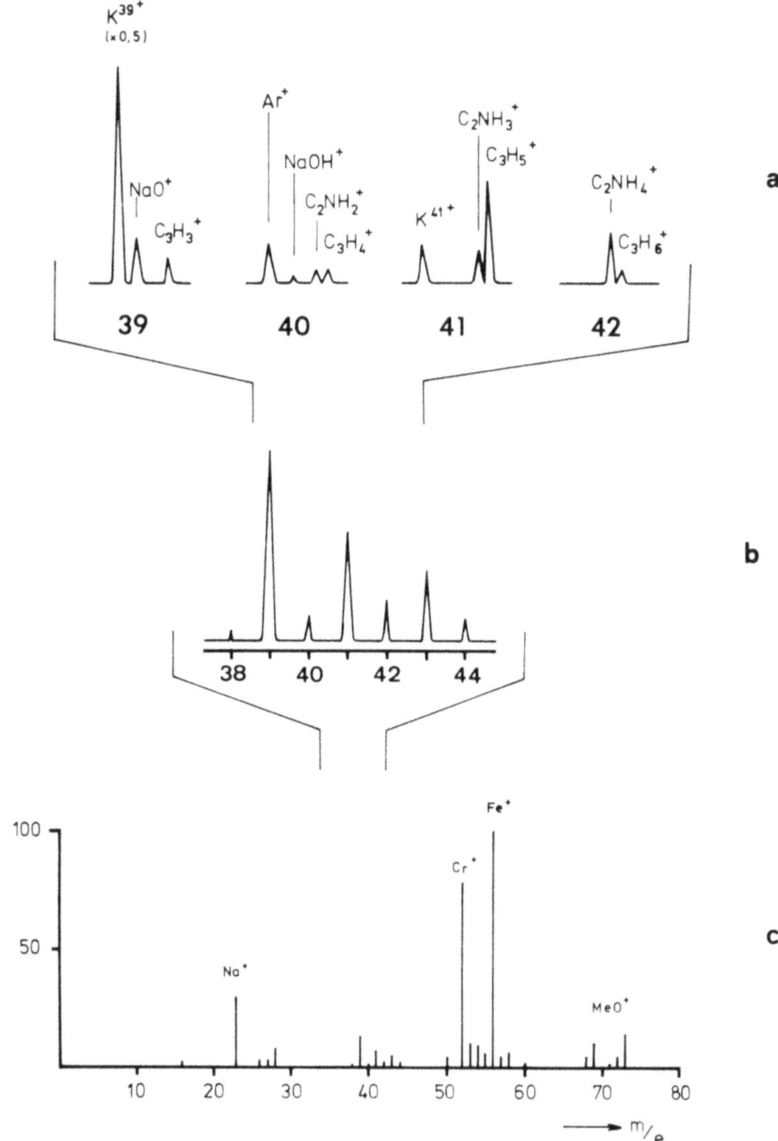

Abb. 5. Sekundärionenspektrum von einer technischen Edelstahlprobe
a) Ausschnitt aus dem Spektrum bei Hochauflösung
b) Ausschnitt bei mittlerer Auflösung
c) Übersichtsspektrum.

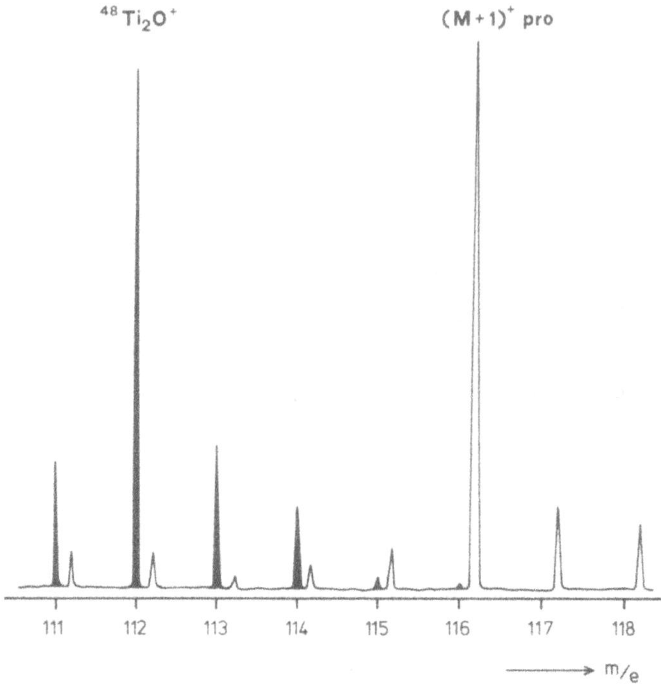

Abb. 6. Ausschnitt aus dem Sekundärionenspektrum einer mit
Prolin/HCl - Lösung vorbehandelten Titanoberfläche
Primärionen: Ar^+, 2 keV, 10^{-5} A/cm^2.
Dunkle Peaks: Ti_2O^+ ; helle Peaks: Prolin

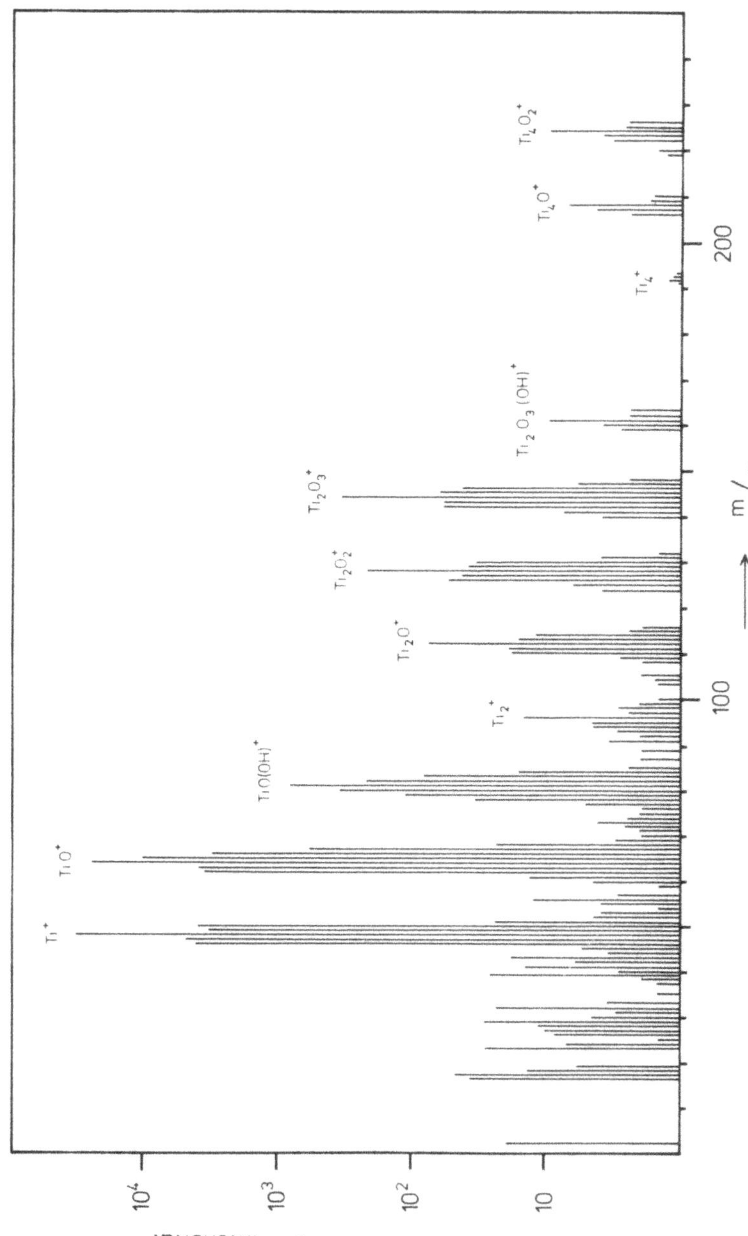

Abb. 7. Vollständiges Sekundärionenspektrum einer oxidierten Titan-Oberfläche. Zuordnung der Peaks aufgrund von Vergleichsmessungen wie in Abb. 6

Fragmentierung organischer Verbindungen

Für die massenspektrometrische Strukturaufklärung organischer Verbindungen ist eine gewisse Fragmentierung der zunächst nur ionisierten Moleküle allgemein erwünscht. Da sich die chemischen Bindungen in einem durch Energiezufuhr aktivierten Molekülion oder in dessen Umlagerungsprodukten umso leichter lösen, je schwächer sie sind, kann man aus dem Auftreten von charakteristischen Fragmentionen-Peaks im Massenspektrum auf die Struktur des Molekülions bzw. Moleküls zurückschließen. Bei der Elektronenstoßionisierung in homogener Gasphase kommt es jedoch leicht zu einer übermäßigen Energiezufuhr, die zu völligem Zerfall des Molekülions und zur Abwesenheit des Molekülionenpeaks führt, was die massenspektrometrische Identifizierung und die Strukturaufklärung der Verbindung erschwert. Feldionisierung ist andererseits so schonend, daß neben dem Molekülion häufig keine Fragmentionen mehr auftreten, so daß das Massenspektrum lediglich eine Information über die Molmasse der Verbindung enthält.

Zum Vergleich dieser Ionisierungsmethoden und der chemischen Ionisation mit der Sekundärionisierung durch Ar^+-Primärionen (10^{-7} A/cm^2 bei 2 keV Energie) sind in den Abb. 8 bis 13 die mit diesen vier Methoden erhaltenen Massenspektren von einigen Aminosäuren wiedergegeben. Dabei zeigt sich, daß die Elektronenstoßionisierung in der Regel zu einem vollständigen oder nahezu vollständigen Verschwinden des ionisierten Aminosäuremoleküls führt. Bei der Felddesorption und den chemischen Ionisationsmethoden (unter Verwendung von Methan bzw. Isobutan) entsteht jeweils die protonierte Aminosäure, (M+1)-Ion, mit der relativ höchsten Intensität. Die Bildung von Fragmentionen läßt jedoch - insbesondere bei der Felddesorptionsmethode - sehr zu wünschen übrig; lediglich die Abspaltung der Carboxylgruppe, die zu einem (M-45)-Ion führt, spielt bei der chemischen Ionisation mit Methan eine Rolle. Demgegenüber zeigen die Sekundärionenmassenspektren hohe Intensitäten sowohl der (M+1)-Ionen als auch der wichtigsten Fragmentionen an. Anders als bei den CI-Methoden und bei der Felddesorptionsmethode läßt sich das Ausmaß der Fragmentierung im Fall der SIMS problemlos erhöhen, indem man lediglich die Primärionenstromdichte steigert. Bei hohen Stromdichten kommt es dann zu einer weitgehenden Übereinstimmung zwischen Sekundärionen- und Elektronenstoß-Massenspektrum.

Besonders vorteilhaft ist die Anwendung der SIMS auf leichtzersetzliche organische Verbindungen, die wegen ihrer Schwerflüchtigkeit weder der chemischen Ionisation noch der Elektronenstoßionisierung zugänglich sind. Dies ergibt sich aus Abb. 14, in der die Sekundärionenmassenspektren von Malachitgrün und von Chinin wiedergegeben sind. Zur Aufnahme dieser Spektren wurden jeweils 0.5 mm^3 einer 10^{-3} molaren Lösung dieser Substanzen in einer Alkohol/Wasser - Mischung (entsprechend etwa 10^{-7} g) auf eine Silberunterlage

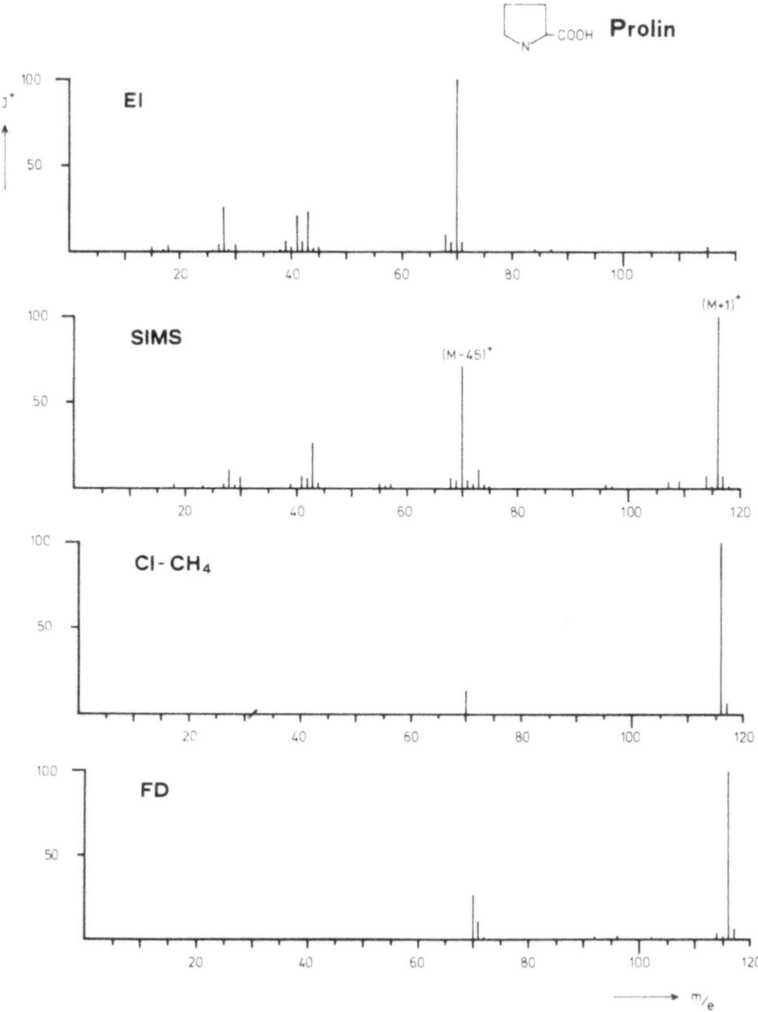

Abb. 8. Massenspektren von Prolin bei Elektronenstoßionisierung (EI), Sekundärionisierung (SIMS, Ar^+, 2 keV, 10^{-7} A/cm^2), Chemischer Ionisierung mit Methan (CI-CH$_4$) und Felddesorption (FD)

aufgegeben und einem Ar^+-Primärionenstrom von 10^{-7} A/cm^2 und 2 keV Energie ausgesetzt. Beim Malachitgrün kommt es vor allem zur Freisetzung des in diesem Salz schon vorhandenen Kations, während im Fall des Chinins die Bildung des protonierten Moleküls überwiegt. Zusätzlich enthalten beide Massenspektren genügend Fragmentionen-Peaks als Träger von Strukturinformationen.

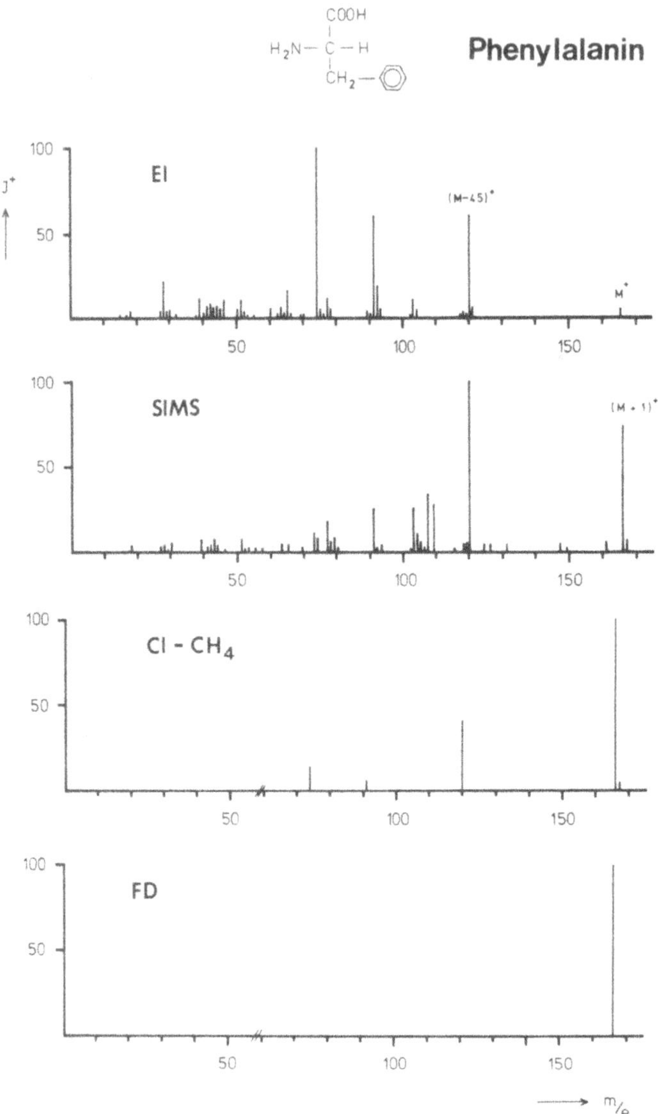

Abb. 9. Massenspektren von Phenylalanin bei Elektronenstoßionisierung (EI), Sekundärionisierung (SIMS, Ar^+, 2 keV, 10^{-7} A/cm^2), Chemischer Ionisierung mit Methan (CI-CH_4) und Felddesorption (FD).

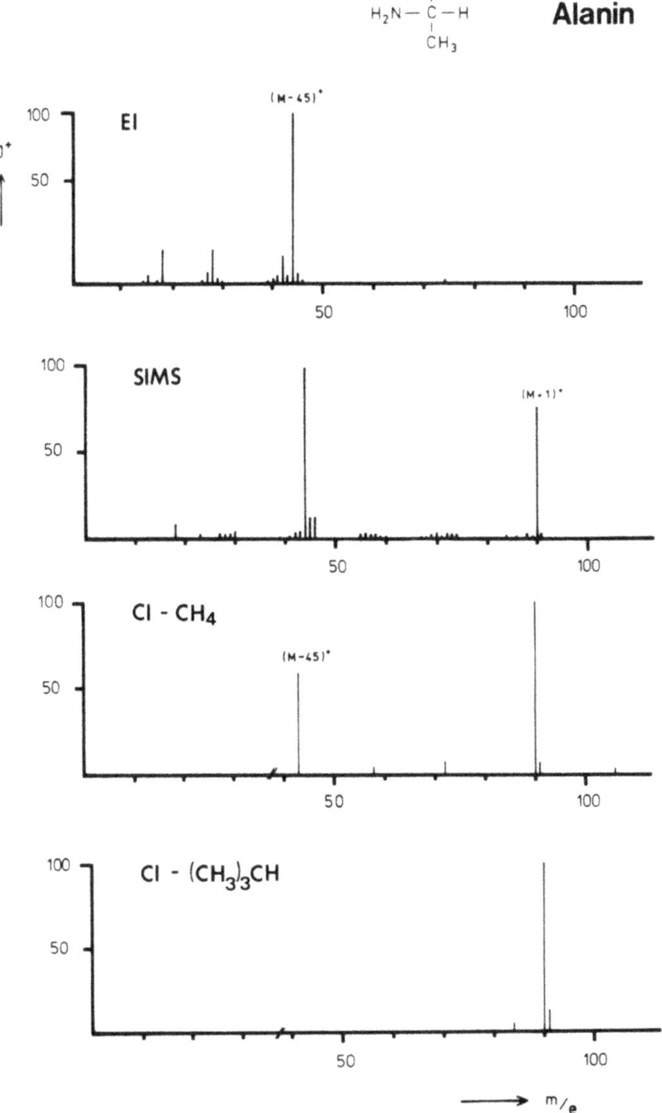

Abb. 10. Massenspektren von Alanin bei Elektronenstoßionisierung (EI),
Sekundärionisierung (SIMS, Ar⁺, 2 keV, 10⁻⁷ A/cm²), Chemischer
Ionisierung mit Methan (CI-CH₄) und mit Isobutan (CI-(CH₃)₃CH).

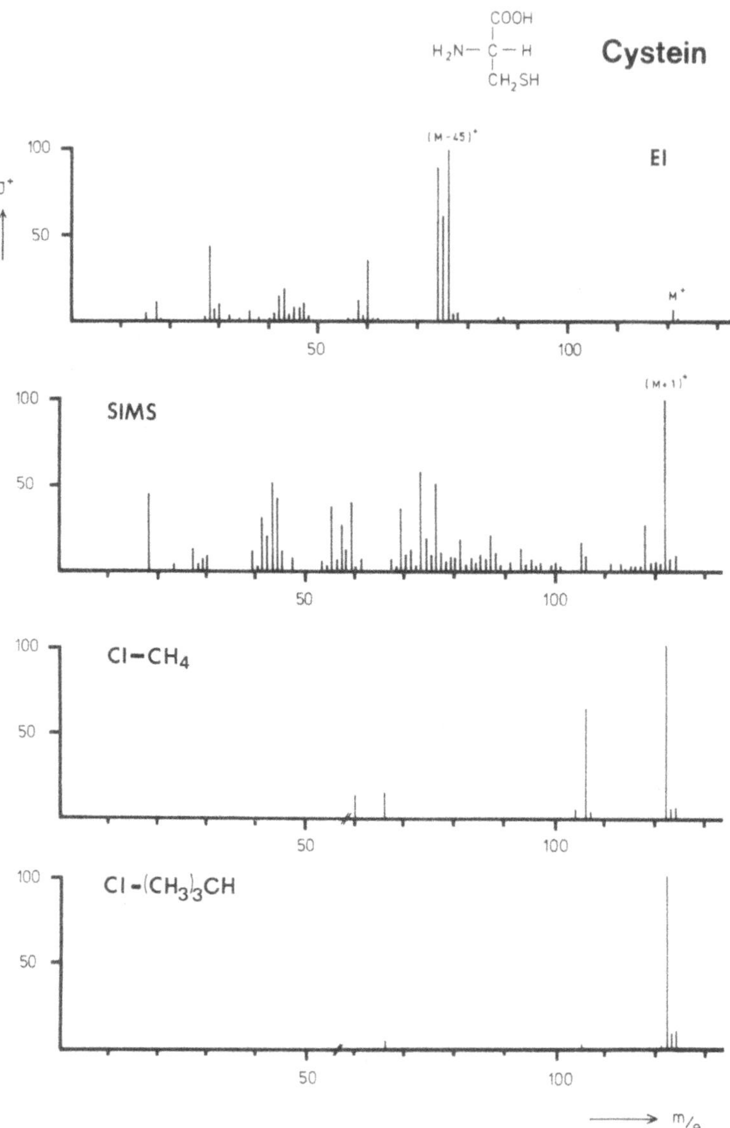

Abb. 11. Massenspektren von Cystein bei Elektronenstoßionisierung (EI),
Sekundärionisierung (SIMS, Ar⁺, 2 keV, 10⁻⁷ A/cm²), Chemischer
Ionisierung mit Methan (CI-CH₄) und mit Isobutan (CI-(CH₃)₃CH).

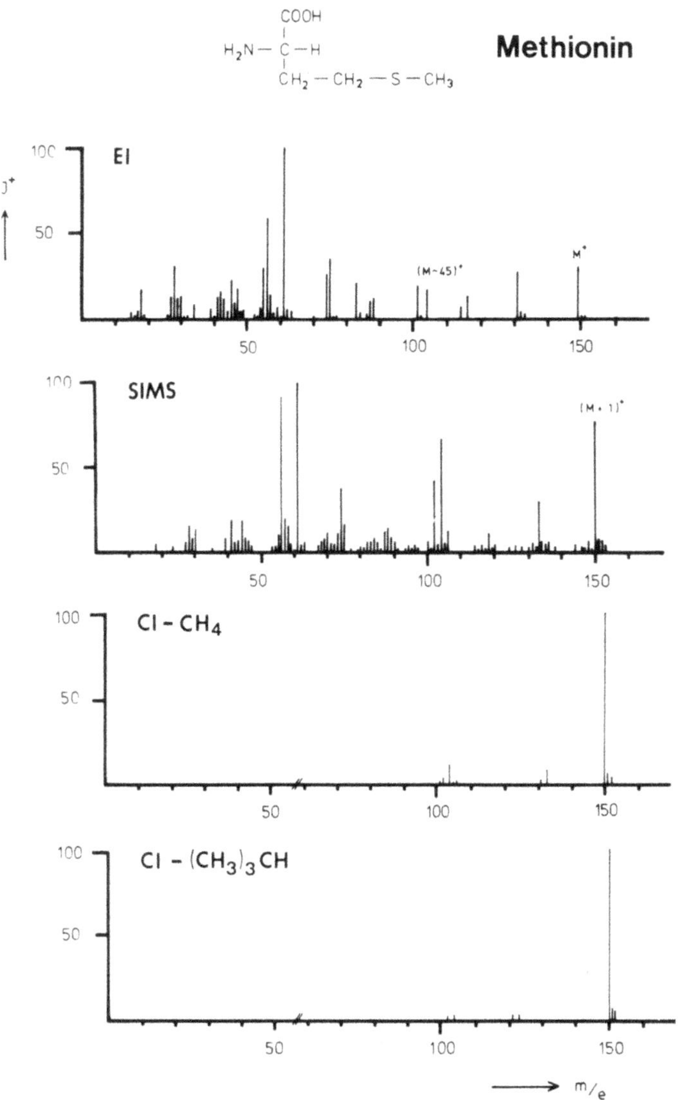

Abb. 12. Massenspektren von Methionin bei Elektronenstoßionisierung (EI), Sekundärionisierung (SIMS, Ar⁺, 2 keV, 10^{-7} A/cm²), Chemischer Ionisierung mit Methan (CI-CH$_4$) und mit Isobutan (CI-(CH$_3$)$_3$CH).

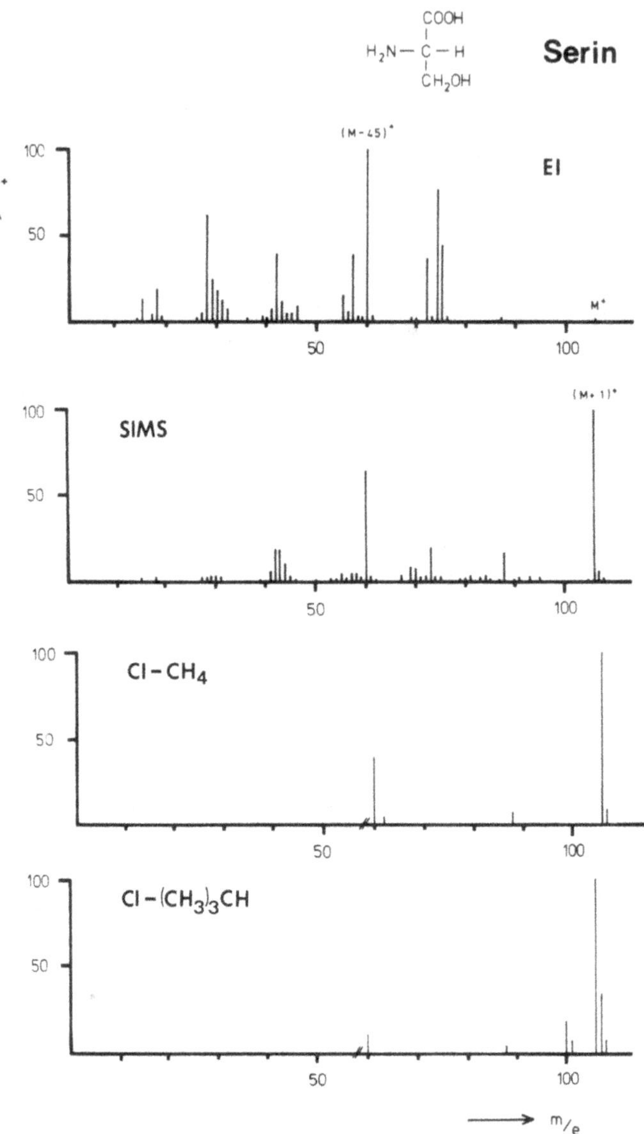

Abb. 13. Massenspektren von Serin bei Elektronenstoßionisierung (EI), Sekundärionisierung (SIMS, Ar^+, 2 keV, 10^{-7} A/cm^2), Chemischer Ionisierung mit Methan (CI-CH_4) und mit Isobutan (CI-$(CH_3)_3CH$)

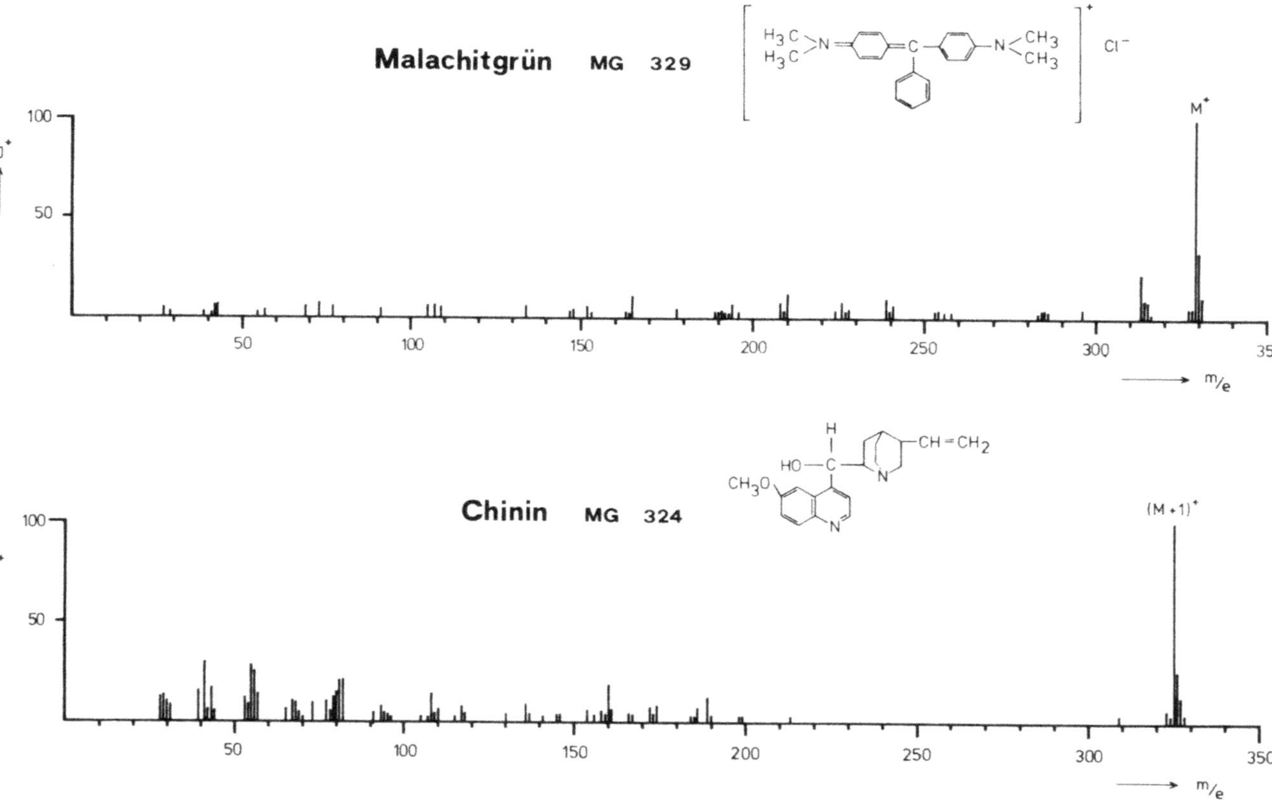

Abb. 14 .   Sekundärionenspektren von Malachitgrün und Chinin auf Silber-Oberflächen.
Primärionen: Ar$^+$, 2 keV, 10^{-7} A/cm^2.

Schlußbemerkung

Alle massenspektrometrischen Methoden der Strukturaufklärung basieren auf einem komplizierten Ionisierungs- und Fragmentierungsprozeß, dessen Produkte einer theoretischen ("ab initio"-) Vorausberechnung nicht zugänglich sind. Die SIMS macht hiervon keine Ausnahme. Bei ihrer Anwendung ist man daher, wie auch in den anderen Fällen, auf Auswertung und Vergleich mit empirischen Daten angewiesen. Die Ergebnisse der vorliegenden Arbeit belegen, daß es möglich und vorteilhaft ist, das Verfahren der Sekundärionisierung in modernen Routinemassenspektrometern mit anderen Ionisierungsmethoden zu kombinieren. Die Massenspektrometrie wird hierdurch insbesondere auf die Untersuchung von organischen Salzen, Naturstoffen und anderen thermisch labilen, nicht verdampfbaren Verbindungen anwendbar, ohne daß diese Substanzen durch Abbau, Derivatisierung, oder dergleichen aufbereitet werden müssen. Aufgrund der Ionisierungsbedingungen müssen Sekundärionenmassenspektren innerhalb möglichst kurzer Zeiten aufgenommen werden, was einen schnellen Probenwechsel ermöglicht und die Verschmutzung des Massenspektrometers durch Probenmaterial auf ein Mindestmaß beschränkt. Apparativ ist die Sekundärionisierung kaum aufwendiger als die chemische Ionisation; sie ist jedoch leichter zu variieren, da sich die Energie und die Stromdichte, aber auch die Art der Primärionen und des Probenträgers ("target") auf das Ausmaß der Fragmentierung auswirken.

Die vorliegende Arbeit wurde durch den Minister für Wissenschaft und Forschung des Landes Nordrhein-Westfalen, den Fonds der chemischen Industrie und durch die Universität-Gesamthochschule Siegen gefördert.

Literatur

1. F.H.Field, J.L.Franklin "Electron Impact Phenomena", Academic Press,
   New York 1970
2. H.D.Beckey Z.analyt.Chem. $\underline{207}$, 99 (1965)
3. H.D.Beckey Int.J.Mass Spectrom.Ion Phys. $\underline{2}$, 500 (1969)
4. M.S.B.Munson, F.H.Field J.Amer.Chem.Soc. $\underline{88}$, 2621 (1966)
5. R.F.K.Herzog, R.P.Viehboeck Phys.Rev. $\underline{76}$, 855 (1949)
6. A.Benninghoven Surface Sci. $\underline{53}$, 596 (1975)
7. H.W.Werner Surface Sci. $\underline{47}$, 301 (1975)
8. G.Blaise, M.Bernheim Surface Sci. $\underline{47}$, 324 (1975)
9. A.Benninghoven, W.Sichtermann Org.Mass Spectrom. $\underline{12}$, 595 (1977)
10. K.D.Klöppel, W.Seidel Int.J.Mass Spectrom.Ion Phys. $\underline{31}$, 151 (1979)
11. R.J.Colton, J.S.Murday, J.R.Wyatt, J.J.Decorpo Surface Sci. $\underline{84}$, 235 (1979)
12. A.Eicke, W.Sichtermann, A.Benninghoven Org.Mass Spectrom. $\underline{15}$, 289 (1980)
13. R.Behrisch Ergebn.d.exakten Naturwiss. $\underline{35}$, 295 (1964)
14. A.Benninghoven Surface Sci. $\underline{28}$, 541 (1971)
15. H.Beske Z.Naturforsch. $\underline{22\ a}$, 459 (1967)
16. K.H.Gauckler "Beiträge zur elektronenoptischen Direktabbildung von Ober-
    flächen", BEDO-Band 4/1
17. R.C.Bradley J.Appl.Phys. $\underline{30}$, 1 (1959)
18. R.Castaing, J.F.Hennequin Adv.Mass Spectrom. $\underline{5}$, 419 (1972)
19. A.Benninghoven, D.Jaspers, W.Sichtermann Appl.Phys. $\underline{11}$, 35 (1976)

FORSCHUNGSBERICHTE
des Landes Nordrhein-Westfalen

Herausgegeben
vom Minister für Wissenschaft und Forschung

Die ,,Forschungsberichte des Landes Nordrhein-Westfalen" sind in
zwölf Fachgruppen gegliedert:

Geisteswissenschaften

Wirtschafts- und Sozialwissenschaften

Mathematik / Informatik

Physik / Chemie / Biologie

Medizin

Umwelt / Verkehr

Bau / Steine / Erden

Bergbau / Energie

Elektrotechnik / Optik

Maschinenbau / Verfahrenstechnik

Hüttenwesen / Werkstoffkunde

Textilforschung

WESTDEUTSCHER VERLAG
5090 Leverkusen 3 · Postfach 30 06 20

GPSR Compliance
The European Union's (EU) General Product Safety Regulation (GPSR) is a set
of rules that requires consumer products to be safe and our obligations to
ensure this.

If you have any concerns about our products, you can contact us on

ProductSafety@springernature.com

In case Publisher is established outside the EU, the EU authorized
representative is:

Springer Nature Customer Service Center GmbH
Europaplatz 3
69115 Heidelberg, Germany